120년 전, 최초의 비행기가 날아간 거리는
요즘 날아다니는 비행기 몸체보다도 짧았습니다.
그랬던 비행기가 지금은 한 번 뜨면
지구 반대편까지 날아갈 수 있게 되었지요.
그 사이에 무슨 기적이 일어난 걸까요?

하늘을 날고 싶어!
비행기

박병철 글 | 영민 그림

하늘을 자유롭게 날아다니는 건 사람들의 오랜 꿈이었습니다.
그래서 온갖 이야기 속에 하늘을 날아다니는 인물을 등장시켰지요.
오래된 신화에도 날개를 단 천사와 악마, 영웅이 등장합니다.
수천 년 동안 수많은 사람이 자신이 만든 날개를 달고 높은 곳에서 뛰어내렸다가
크게 다치거나 아예 하늘나라로 가는 사고가 종종 일어났습니다.
사람은 가짜 날개를 달아 봐야 그것을 펄럭거리게 할 힘이 없기 때문에
새처럼 하늘을 난다는 것은 처음부터 말도 안 되는 꿈이었지요.

그러던 중 1485년에 이탈리아의 천재 과학자이자 화가인
레오나르도 다빈치가 과학적으로 설계한
최초의 비행 도구를 선보였습니다.
그러나 다빈치는 그림만 그렸을 뿐, 실제로 만들지는 않았지요.
만일 그가 자신이 설계한 비행 도구를 타고
높은 탑에서 뛰어내렸다면 〈모나리자〉나
〈최후의 만찬〉 같은 명화는 세상에 태어나지 못했을 겁니다.
그 유명한 그림을 그리기 전에 분명히 큰 사고가 났을 테니까요.

뜨거운 공기는 차가운 공기보다 가볍습니다.

뜨거운 굴뚝 연기는 아래로 가라앉지 않고 위로 올라가지요.

풍선에 뜨거운 공기를 넣어도 위로 두둥실 떠오릅니다.

실제로 사람을 처음으로 날게 해 준 건 날개가 아니라 풍선이었습니다.

1783년에 프랑스의 몽골피에 형제는

천으로 만든 커다란 풍선에 바구니를 달아서 닭, 오리, 양을 태우고

550미터 높이까지 올라갔다가 무사히 내려왔습니다.

이것을 **기구**라고 합니다. '공기를 채워 넣은 동그란 공'이라는 뜻이지요.

그 후로 사람들은 기구에 사람과 물건을 싣고

35킬로미터를 날아가는 데 성공했습니다.

그러나 기구는 방향을 조종할 수 없기 때문에

바람이 도와주지 않으면 원하는 곳으로 갈 수 없었지요.

하늘을 날고 싶다는 소원은 기구가 이루어 주었지만,

원하는 곳으로 날아가려면 다른 도구가 필요했습니다.

몽골피에 형제가 프랑스에서 기구를 띄우고 있을 무렵,
영국에서는 증기 기관이 발명되어 한창 인기를 끌고 있었습니다.
이 소식을 전해 들은 프랑스의 앙리 자파르는 동그랗던 기구를 길쭉하게 고치고
증기 기관으로 돌아가는 프로펠러와 방향 조종 장치를 기구에 달았습니다.
그 덕분에 기구는 바다의 배처럼 원하는 방향으로 갈 수 있게 되었지요.
사람들은 그것이 '하늘을 나는 배'처럼 생겼다고 하여 **비행선**이라고 불렀습니다.
그 후 비행선은 크기가 더욱 커지고 속도도 제법 빨라져서
한동안 하늘을 나는 대표적인 수단으로 자리 잡게 됩니다.

그러나 자유로운 비행을 꿈꾸던 사람들은 비행선에 만족할 수 없었습니다.

비행선은 좋긴 좋은데 속도가 너무 느려.
내가 뛰어가는 거랑 비슷하잖아.

덩치가 너무 커서 그래.
아무래도 새처럼 날개를 이용해야 할 것 같아.

날개 비행은 불가능하다는 거, 너도 잘 알잖아.

그거야 사람이 몸에 날개를 달고 퍼덕거릴 때 얘기지.
날개처럼 생긴 틀을 만들어서 올라타면
퍼덕이지 않아도 날 수 있을 거라고.

하긴, 독수리처럼
큰 새들은 날개를
퍼덕이지 않고도
잘만 날아가더라.

맞아. 앞으로 빠르게 움직일 수만
있으면 날개가 알아서 공중에
떠 있게 해 줄 거야. 큰 날개를
빠르게 움직이게 하려면…

그래! 비행선에 쓰던 프로펠러를 달면 되겠네!

그렇습니다. 새의 날개처럼 생긴 도구를 크게 만들어서
앞으로 빠르게 내달리기만 하면 저절로 위로 떠오릅니다.
이 사실을 알게 된 발명가들은 날개에 프로펠러를 달고
여러 번 비행을 시도했지만 모두 실패했습니다.
기껏해야 높은 곳에서 뛰어내렸다가 낮은 곳에 안전하게 착륙하는 정도였지요.

'사람을 태운 채 하늘을 날았다'고 말할 수 있으려면
처음 출발한 곳보다 더 높거나, 적어도 높이가 같은 곳에 다다라야 합니다.
그렇지 않으면 하늘을 날았다기보다 천천히 떨어진 것일 뿐이니까요.
이들의 시도가 모두 실패로 끝난 이유는
프로펠러를 돌리는 증기 기관이 너무 크고 무거웠기 때문입니다.

1903년 12월 17일 오전 10시 35분, 미국의 한 해변가에서 '플라이어 1호'라는 시험용 비행기가 사람을 태우고 날아올랐습니다. 이 비행기가 12초 동안 36미터를 비행한 후 땅에 착륙하자마자 모든 과정을 땅에서 지켜보던 사람이 달려와 큰 소리로 외쳤습니다.

윌버 라이트: 오빌, 아주 잘했어. 이 정도면 성공이야!
오빌 라이트: 아뇨, 바람을 잘 타면 더 오래 날 수 있을 것 같아요. 이번엔 형이 타고 날아 보세요.

두 사람은 형과 동생 사이였습니다. 그 유명한 **라이트 형제**였지요.
그날 형제는 서로 비행기를 번갈아 타며 총 네 번의 비행을 했는데,
마지막 비행에서는 59초 동안 거의 260미터를 날아갔습니다.
이들이 만든 비행기는 나무로 만든 앙상한 골격에 천을 두른 투박한 모습이었지만,
공기보다 가볍기 때문에 저절로 뜨는 기구나 비행선과 달리
'공기보다 무거운 물체도 하늘을 날 수 있다'는 것을 보여 준 최초의 비행이었습니다.

라이트 형제가 성공할 수 있었던 것은
증기 기관보다 훨씬 가벼운 내연 기관 덕분이었습니다.
이 사실이 알려지자 유럽의 과학자들은
내연 기관 엔진을 꾸준히 발전시켜서
플라이어 1호보다 성능이 훨씬 좋은 비행기를
앞다퉈 선보였습니다.

그러나 가장 큰 문제는 '비행기로 무엇을 할 것인가?'였습니다.
기차처럼 화물을 실어 나르는 데 쓰기에는
실을 수 있는 양이 너무 적었고,
자동차처럼 여기저기 타고 다니기에는 값이 너무 비쌌지요.
그래서 비행기는 모험을 좋아하는 사람들의 놀이 기구나,
비행 경주 대회에 참가하여 속도를 겨루는
운동 기구를 벗어나지 못했습니다.

1914년, 유럽에서 제1차 세계 대전이 일어났습니다.
전 세계가 두 패로 나뉘어서 4년 동안 치열한 전쟁을 벌였지요.
이때 독일과 러시아의 군인들은 비행기를 하늘에 띄워서
적군이 어디서 무엇을 하고 있는지 알아보기 시작했습니다.
장난감이라 여겨졌던 비행기가 전쟁터에 등장한 것입니다.

처음에는 적군의 비행기를 하늘에서 마주치면
서로를 향해 벽돌을 떨어뜨리거나, 작은 권총으로 쏘곤 했습니다.
그러다가 얼마 후에는 아예 비행기에 커다란 기관총을 달거나
무거운 폭탄을 싣고 날아가 떨어뜨리기 시작했지요.
그때부터 비행기는 가장 무시무시한 전쟁 무기가 되었습니다.
그렇습니다. 비행기의 성능이 빠르게 발전할 수 있었던 것은
나라의 운명을 걸고 치열하게 싸운 전쟁 때문이었습니다.

융커스 F-13

전쟁이 끝나자 무기로 쓰였던 비행기들이 골칫거리가 되었습니다.
갖다 버리자니 아깝고, 계속 쓰겠다고 전쟁을 또 일으킬 수도 없었지요.
사람들은 이런저런 궁리 끝에 조그만 전투기는 모두 버리고,
커다란 폭격기를 뜯어고쳐서 화물과 사람을 실어 나르는 데 쓰기로 했습니다.
이렇게 탄생한 비행기가 바로 화물기와 여객기랍니다.

1919년에 만든 여객기 융커스호는 좌석이 달랑 4개밖에 없었지만,

몇 년 후 등장한 더글라스호는 20명을 태울 수 있을 정도로 커졌습니다.

비행 거리도 훨씬 길어졌지요.

10여 년 전만 해도 한 사람밖에 탈 수 없어서 장난감 취급을 받던 비행기가

육지를 달리는 기차와 바다를 항해하는 배의 뒤를 이어

'하늘의 교통수단'으로 당당히 자리 잡게 된 것입니다.

1927년 5월 20일 오전 7시 52분, 찰스 린드버그라는 미국인 조종사가 '스피릿 오브 세인트루이스(세인트루이스의 정신)'라고 쓰인 비행기를 혼자 몰고 미국 뉴욕의 공항을 출발했습니다.
그는 33시간 30분 동안 한 번도 쉬지 않고 5760킬로미터를 날아서 다음 날 밤 10시 22분, 프랑스 파리의 공항에 착륙했습니다.
역사상 처음으로 혼자 비행기를 조종하여 그 넓은 대서양을 건넌 것입니다.
며칠 후 미국으로 돌아온 린드버그는 미국 최고의 영웅이 되었지요.

그로부터 5년 후, 아멜리아 에어하트라는 미국의 여성 조종사가
린드버그처럼 혼자서 비행기를 조종하여 대서양을 건너는 데 성공했습니다.
걸린 시간은 14시간 56분, 린드버그보다 두 배 이상 빨랐지요.
여기에 용기를 얻은 그녀는 1937년 6월에
비행기로 지구를 한 바퀴 도는 엄청난 모험에 도전했다가
3만 5천 킬로미터를 날아간 후, 태평양 바다 위에서 실종되고 말았습니다.
그러나 에어하트가 보여 준 불굴의 의지와 도전 정신은
지금도 비행기 조종사들에게 전설처럼 전해지고 있답니다.

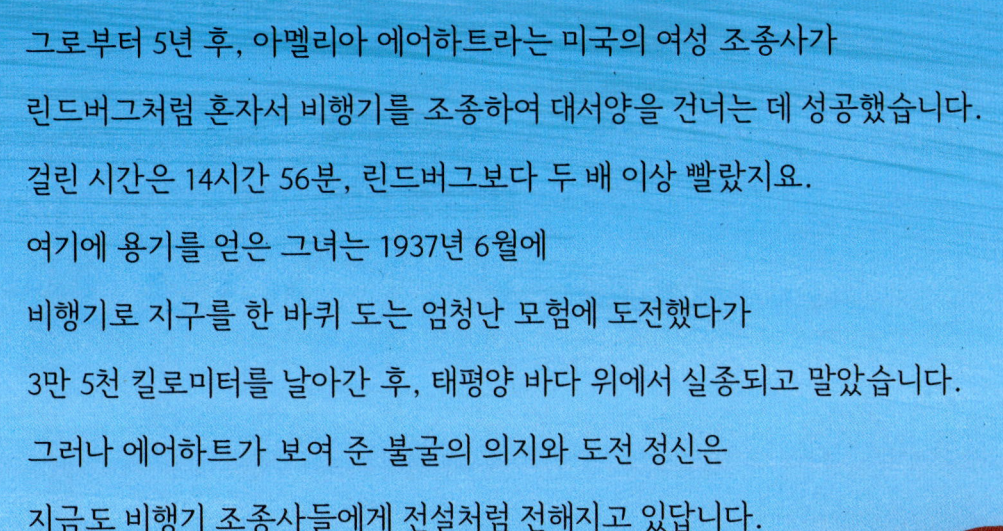

1939년, 독일이 폴란드를 침략하면서 또다시 전 세계가 전쟁에 휘말렸습니다.
바로 제2차 세계 대전이지요.
그 사이에 엔진의 성능이 놀라울 정도로 좋아져서
비행기는 전쟁에서 승리를 결정하는 가장 중요한 무기가 되었습니다.
하늘에서 싸우는 전투기, 적에게 폭탄을 떨어뜨리는 폭격기 등 종류도 다양했지요.

전쟁이 거의 끝나 가던 어느 날, 하늘에 이상한 비행기가 나타났습니다.
몸체에는 독일군을 상징하는 철십자 마크가 새겨져 있고,
프로펠러가 없는데도 속도가 엄청나게 빨랐지요.
그것은 **제트 엔진**으로 날아가는 최초의 제트기, ME-262였습니다.
결국 전쟁은 1945년에 독일의 패배로 끝났지만
미국과 소련은 독일 과학자들을 자기 나라로 데려가
새로운 제트기를 만들도록 시켰습니다.

엔진이 프로펠러를 돌리면 프로펠러는 공기를 비행기 뒤쪽으로 밀어냅니다.
그러면 공기는 비행기를 앞쪽으로 밀어내지요.
바로 뉴턴의 '작용과 반작용 법칙' 때문입니다.
당연히 프로펠러가 빠르게 돌수록 비행기의 속도도 빨라집니다.
하지만 프로펠러가 지나치게 빨리 돌면 힘을 견디지 못하고 부러지기 때문에,
프로펠러로 움직이는 비행기는 시속 700킬로미터를 넘을 수 없었습니다.

이 문제를 해결한 것이 바로 제트 엔진입니다.
앞에서 공기를 빨아들여 압축시킨 후, 연료를 뿌려서 폭발을 일으키면
폭발 가스가 뒤쪽으로 분출되면서 비행기가 앞으로 나아갑니다.

폭발 가스의 속도가 워낙 빠르기 때문에 제트 엔진을 단 비행기는
훨씬 빠르게 날 수 있지요. 그리하여 비행기는 제트 엔진의 등장과 함께
완전히 새로운 시대를 맞이하게 됩니다.

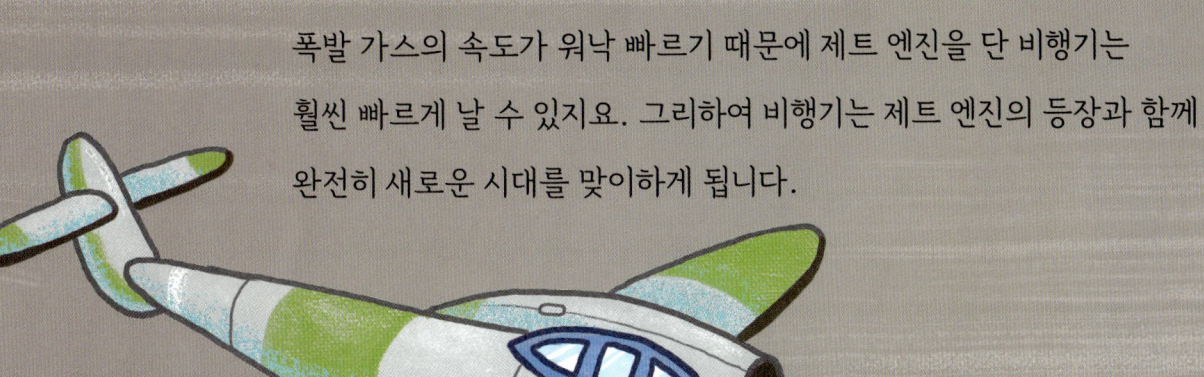

제트 엔진

1950년 6월 25일, 북한의 군대가 우리 땅에 쳐들어오면서
한반도에서 6·25 전쟁이 일어났습니다. 북한은 소련의 도움을 받았고,
남한, 즉 대한민국은 미국을 비롯한 연합군의 도움을 받아 전쟁을 치렀지요.
이 6·25 전쟁은 처음으로 제트기끼리 하늘 위에서 싸운 전쟁이기도 했습니다.
이때 활약한 양쪽의 제트기는 조종사들도 헷갈릴 정도로
생긴 모습이 너무나 비슷했습니다.
둘 다 미국과 소련으로 끌려간 독일의 과학자들이 만들었기 때문이지요.

두 전투기의 성능이 비슷해서 그랬는지
결국 6·25 전쟁은 휴전선을 사이에 두고 무승부로 끝났습니다.
비행기의 역사를 연구하는 외국 학자들은 6·25 전쟁으로
제트기가 얼마나 뛰어난지 직접 눈으로 확인할 수 있었다고 말합니다.
틀린 말은 아니지만, 3년 동안 엄청난 희생을 치른 우리에게는
별로 기분 좋은 말은 아닌 것 같습니다. 아무리 기술 발전에 도움이 되었대도
전쟁은 일어나지 않는 게 가장 좋으니까요.

제1차 세계 대전이 끝난 후 화물기와 여객기가 탄생했던 것처럼,
제2차 세계 대전과 6·25 전쟁이 끝난 후에도 비슷한 변화가 일어났습니다.
이번에는 제트 엔진이 달린 매끈한 제트 여객기가 등장했지요.
이제 한꺼번에 100명 넘게 태울 수 있는 대형 여객기들이
하늘을 날기 시작했습니다.

과거에는 비행기 요금이 너무 비싸서 부자들만 탈 수 있었는데,
비행기가 커지면서 요금이 내린 덕분에
지금은 누구나 비행기를 탈 수 있게 되었습니다.
심지어는 조금 먼 직장까지 매일 비행기를 타고 출퇴근하는 사람도 있답니다.
다만 비행기에서 주던 최고급 뷔페는 초라한 도시락으로 바뀌었지요.

대형 제트 여객기 중에서 제일 유명했던 것은
소리보다 빠르게 날아가는 삼각형 모양의 초음속 여객기, **콩코드**였습니다.
전 세계의 관심을 한몸에 받으며 1969년에 화려하게 등장한 콩코드는
100명의 승객을 태우고도 엄청난 속도로 날아서
과거에 린드버그가 33시간 30분이 걸려 건너간 대서양을
3시간 30분 만에 건널 수 있었습니다.
요금도 보통 여객기보다 훨씬 비쌌답니다.

콩코드를 타면 다른 비행기보다
세 시간이나 빠르게 도착한대!

그 비싼 비행기를 왜 타?
아침에 조금 일찍 일어나서
세 시간 먼저 출발하는
값싼 비행기를 타면 되잖아!

그러나 콩코드는 2000년에 파리에서 이륙하다가 불이 붙어 추락하였고
많은 사람이 죽었습니다. 그 후로 콩코드에 타려는 사람이 크게 줄어들었고
결국 2003년에 운항을 중단하고 박물관에 갇히게 되었지요.
비록 사고를 겪은 후 역사 속으로 사라졌지만
콩코드는 당시 최첨단 기술로 만든 최고의 여객기였습니다.

제트 엔진이 개발된 후 전투기는 하루가 다르게 발전하여
더 빨리, 더 높이, 그리고 더 멀리 날 수 있게 되었습니다.
게다가 '하늘을 날아다니는 주유소'인 공중 급유기가 등장한 후로
한 번 이륙하면 세계 어느 곳이건 날아가 작전을 펼칠 수 있게 되었지요.
비행기 조종도 대부분 컴퓨터가 알아서 자동으로 한답니다.

요즘은 조종사 없이 혼자 날아다니는 무인 항공기가 생기고 있습니다.
사람이 타지 않으니 누가 다칠 걱정 없이 위험한 일을 할 수 있기 때문이지요.
하지만 이런 비행기들은 값이 너무 비싸서 아주 부자인 나라만
가질 수 있답니다.

요즘은 전투기를 타도 내가 하는 일이 별로 없어.

말도 마. 나는 왼쪽으로 가고 싶은데 비행기는 오른쪽으로 가더라고. 이러다가 아예 조종사가 필요 없는 전투기가 나오는 거 아닐까?

프로펠러와 제트 엔진은 공기가 있어야만 작동합니다.
그런데 하늘 높이 올라갈수록 공기가 부족하기 때문에
제트기로는 갈 수 있는 높이가 정해져 있었지요.
공기가 없는 곳에서도 비행기가 나아가려면
공기의 역할을 하는 재료를 싣고 날아가야 합니다.
그래서 탄생한 것이 바로 **로켓**입니다.

처음에 과학자들은 폭탄을 먼 곳까지 날려 보내기 위해 로켓을 만들었지만,
전쟁이 끝난 후에는 우주 탐사선으로 사용했습니다.
우주에는 공기가 없기 때문에 제트 엔진을 쓸 수 없고,
바람이 불지 않으니 날개를 달아 봐야 아무 소용도 없습니다.
우주 로켓이 밋밋하고 길쭉하게 생긴 것은 이런 이유 때문이랍니다.
1969년에 인간이 달에 발자국을 남길 수 있었던 것도
'새턴 5호'라는 우주 로켓 덕분이었습니다.

미래의 비행기는 어떤 모습일까요?

언뜻 생각하면 덩치가 엄청나게 크면서 속도가 어마어마하게 빠른 초대형, 초음속 비행기가 등장할 것 같습니다.

물론 미래에는 비행기를 타는 사람이 더욱 많아질 것이므로 언젠가는 이런 비행기가 등장할 것입니다.

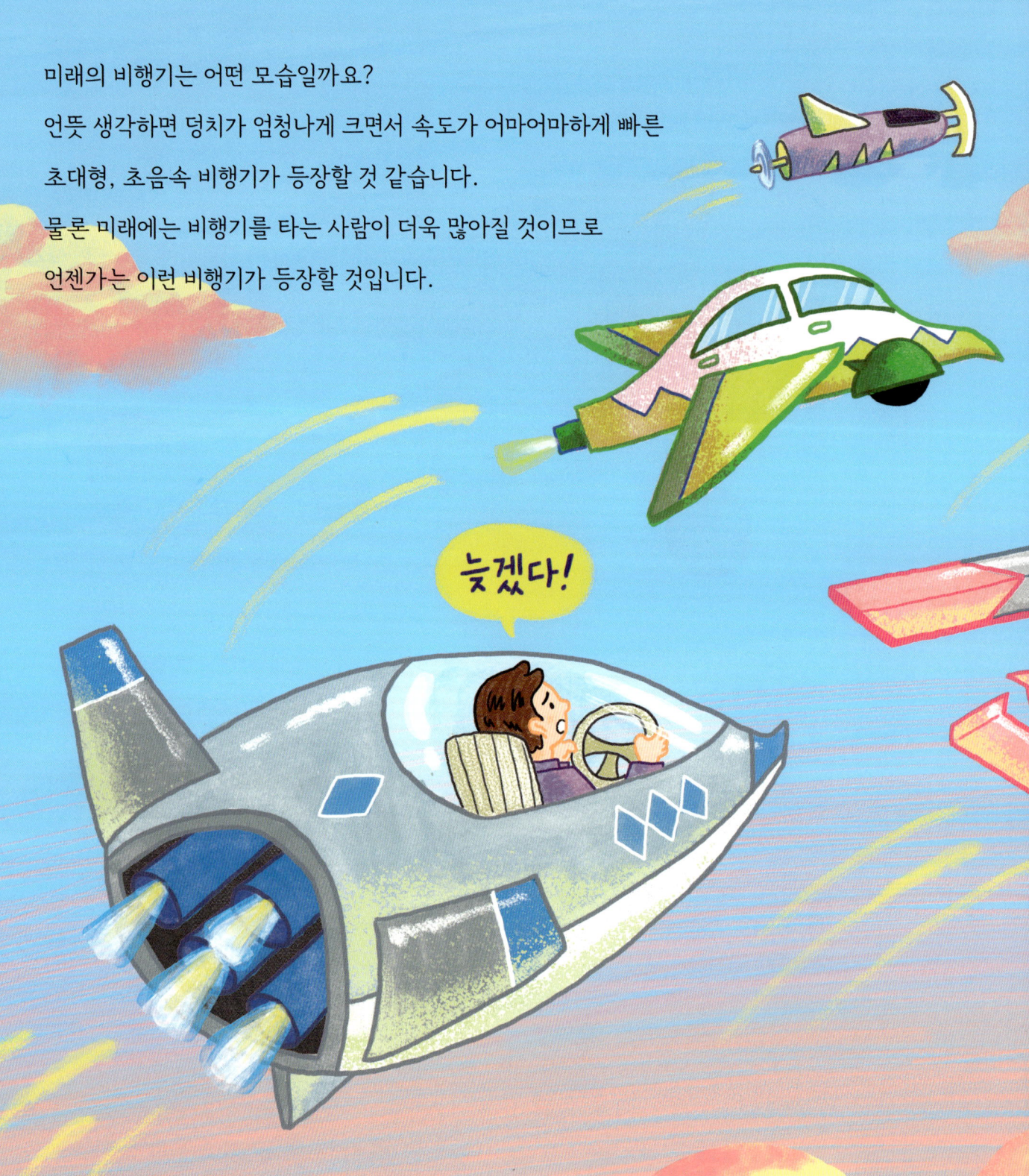

그러나 기차를 타던 사람들이 자가용 차를 타고
공중전화를 쓰던 사람들이 스마트폰을 쓰는 것처럼,
미래에는 한두 명이 타는 '개인용 비행기'가 인기를 끌지도 모릅니다.
만드는 게 그렇게 어렵지도 않을 겁니다.
요즘 한창 인기를 끌고 있는 드론을 좀 더 크고 강하게 만들면 되지요.
환경을 파괴하지 않고 소음도 작은 조그만 엔진이 개발된다면,
미래의 교통 체증은 땅이 아닌 하늘에서 나타날 것입니다.

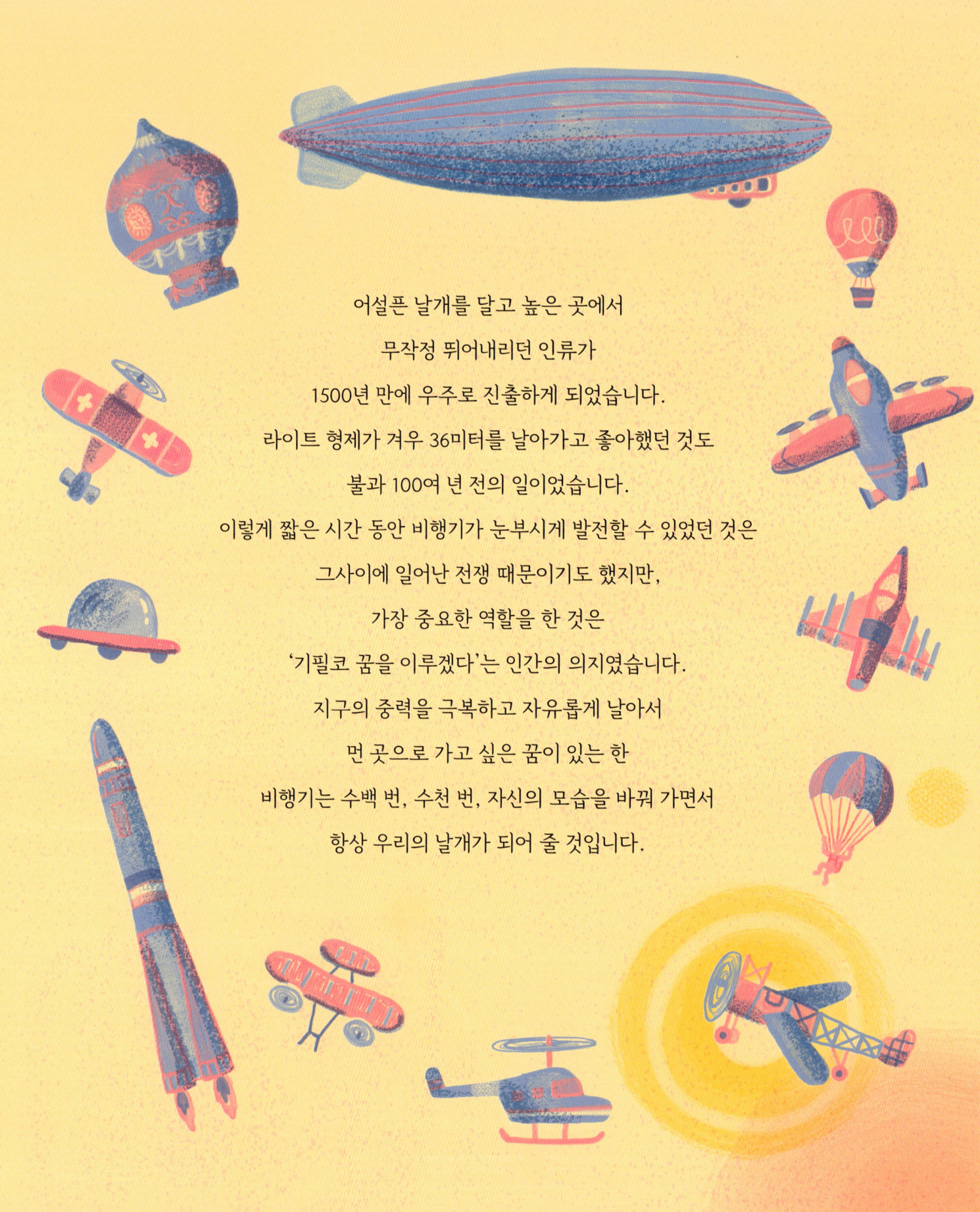

어설픈 날개를 달고 높은 곳에서
무작정 뛰어내리던 인류가
1500년 만에 우주로 진출하게 되었습니다.
라이트 형제가 겨우 36미터를 날아가고 좋아했던 것도
불과 100여 년 전의 일이었습니다.
이렇게 짧은 시간 동안 비행기가 눈부시게 발전할 수 있었던 것은
그사이에 일어난 전쟁 때문이기도 했지만,
가장 중요한 역할을 한 것은
'기필코 꿈을 이루겠다'는 인간의 의지였습니다.
지구의 중력을 극복하고 자유롭게 날아서
먼 곳으로 가고 싶은 꿈이 있는 한
비행기는 수백 번, 수천 번, 자신의 모습을 바꿔 가면서
항상 우리의 날개가 되어 줄 것입니다.

🔎 나의 첫 과학 클릭!

비행기가 뜨는 원리

비행기의 날개를 자른 면을 들여다보면

앞쪽은 두툼하고 뒤로 갈수록 얇아지는 것이, 새의 날개와 비슷합니다.

그래서 비행기가 빠르게 움직이면 날개 위쪽으로 흐르는 공기가

아래쪽으로 흐르는 공기보다 빨라서 위와 아래의 기압(공기의 압력)이 달라집니다.

날개의 위쪽은 기압이 낮고, 아래쪽은 기압이 높지요.

이때 기압이 높은 쪽에서 낮은 쪽으로 힘이 작용하여 날개를 떠받치게 되는데,

이 힘을 '양력'이라고 합니다.

그러니까 날개를 단 비행기는 앞으로 빠르게 내달리기만 하면

양력을 받아서 하늘에 떠 있을 수 있습니다.

엔진(프로펠러나 제트 엔진) 덕분에 앞으로 나아가고, 날개 덕분에 뜨는 것이지요.

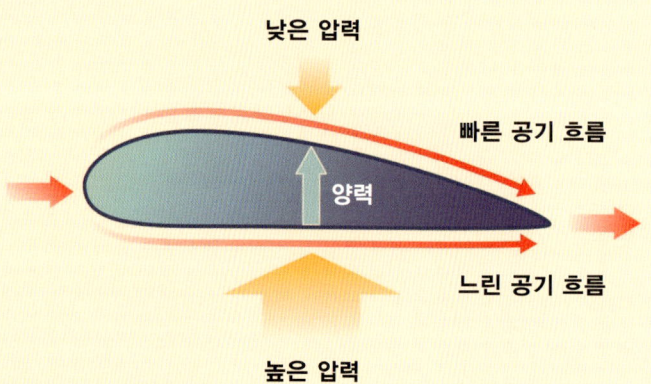

이륙하는 비행기

비행기의 날개

비행기가 충분한 양력을 받으려면 속도가 빨라야 합니다.
비행 중에 속도를 지나치게 줄이면 비행기의 무게가 양력보다 커져서 추락하게 되지요.
이런 현상을 '실속'이라고 합니다. 쉽게 말해서 '속도를 잃어버렸다'는 뜻입니다.
요즘은 비행기에 자동 조종 장치가 달려 있어서,
비행기가 날아가는 도중에 실속하지 않도록 자동으로 속도를 유지해 준답니다.

비행기 조종석

🔍 나의 첫 과학 탐구

비행기의 모습은 어떻게 달라졌을까?

비행기가 막 탄생했을 때는 속도가 느렸기 때문에 충분한 양력을 받을 수 없었습니다.
그런데도 비행기가 위로 뜨려면 날개가 무조건 넓어야 했지요.
그렇다고 날개를 무작정 넓게 만들면 움직임이 둔해지기 때문에,
날개를 두 개로 나눠서 몸체의 위와 아래에 달았답니다.
이런 비행기를 '복엽기'라고 합니다. 날개가 3층으로 달린 '삼엽기'도 있었지요.

날개가 2층인 복엽기

날개가 뒤로 젖혀진 후퇴익 전투기

그 후 엔진의 성능이 좋아져서 비행기의 속도가 빨라진 다음에는
날개를 한 층만 달아도 충분했고, 제트 엔진이 등장한 후에는
날개가 뒤로 젖혀진 모습을 하게 되었습니다. 이런 날개를 '후퇴익'이라고 합니다.
속도가 더 빠른 비행기 중에는
날개를 뒤로 젖히다 못해 아예 삼각형 모양의 날개를 단 비행기도 있답니다.
이런 날개를 '델타익' 또는 '삼각 날개'라고 합니다.
비행기가 너무 크고 무거워서 양력을 무조건 많이 받고 싶다면,
몸체는 없고 커다란 날개만 있는 비행기를 만들면 됩니다.
이런 비행기를 '전익기(전체가 날개인 비행기)'라고 하지요.
한 대에 2조 원이 넘는 미국의 폭격기 B-2 스피릿이 대표적인 전익기입니다.

삼각형 날개를 단 델타익 전투기

전익기인 B-2 스피릿

글 박병철

연세대학교 물리학과를 졸업하고 한국과학기술원(KAIST)에서 이론물리학 박사 학위를 받았습니다. 30년 가까이 대학에서 학생들을 가르쳤으며 지금은 집필과 번역에 전념하고 있습니다. 어린이 과학동화 《별이 된 라이카》, 《생쥐들의 뉴턴 사수 작전》, 《외계인 에어로, 비행기를 만들다!》를 썼습니다. 2005년 제46회 한국출판문화상, 2016년 제34회 한국과학기술도서상 번역상을 수상했으며, 옮긴 책으로는 《페르마의 마지막 정리》, 《파인만의 물리학 강의》, 《평행우주》, 《신의 입자》, 《슈뢰딩거의 고양이를 찾아서》 등 100여 권이 있습니다.

그림 영민

대학에서 시각디자인을 공부했으며, 어린이책을 비롯해 다양한 매체에 그림을 그리고 있습니다. 쓰고 그린 책으로는 《바비아나》, 《난난난》, 《나는 착한 늑대입니다》, 《난 네가 부러워》가 있고, 그린 책으로는 《숲속 별별 상담소》, 《똘복이가 돌아왔다》, 《너는 커서 뭐 될래?》, 《처음 학교생활백과》, 《내 이름은 십민준》, 《매직 슬러시》, 《싫어 대왕 오키》 등이 있습니다.

나의 첫 과학책 7 — 비행기

1판 1쇄 발행일 2023년 1월 2일

글 박병철 | **그림** 영민 | **발행인** 김학원 | **편집** 이주은 | **디자인** 기하늘
저자·독자 서비스 humanist@humanistbooks.com | **용지** 화인페이퍼 | **인쇄** 삼조인쇄 | **제본** 영신사
발행처 휴먼어린이 | **출판등록** 제313-2006-000161호(2006년 7월 31일) | **주소** (03991) 서울시 마포구 동교로23길 76(연남동)
전화 02-335-4422 | **팩스** 02-334-3427 | **홈페이지** www.humanistbooks.com

글 ⓒ 박병철, 2022   그림 ⓒ 영민, 2022
ISBN 978-89-6591-469-3 74400
ISBN 978-89-6591-456-3 74400(세트)

- 이 책은 저작권법에 따라 보호받는 저작물이므로 무단 전재와 무단 복제를 금합니다.
- 이 책의 전부 또는 일부를 이용하려면 반드시 저작권자와 휴먼어린이 출판사의 동의를 받아야 합니다.

사용연령 6세 이상 종이에 베이거나 긁히지 않도록 조심하세요. 책 모서리가 날카로우니 던지거나 떨어뜨리지 마세요.